# BEI GRIN MACHT SICH IHR WISSEN BEZAHLT

- Wir veröffentlichen Ihre Hausarbeit,
  Bachelor- und Masterarbeit

- Ihr eigenes eBook und Buch -
  weltweit in allen wichtigen Shops

- Verdienen Sie an jedem Verkauf

Jetzt bei www.GRIN.com hochladen
und kostenlos publizieren

**Bibliografische Information der Deutschen Nationalbibliothek:**

Die Deutsche Bibliothek verzeichnet diese Publikation in der Deutschen National-
bibliografie; detaillierte bibliografische Daten sind im Internet über http://dnb.d-
nb.de/ abrufbar.



**Impressum:**

Copyright © 2015 GRIN Verlag
Druck und Bindung: Books on Demand GmbH, Norderstedt Germany
ISBN: 9783668835887

**Dieses Buch bei GRIN:**

https://www.grin.com/document/441391

Katharina Niebergall

# Analytische Untersuchungen mittels Infrarotspektroskopie

GRIN Verlag

# Praktikum zum Modul

# „Molekülspektrokopie"

## SS 2015

## Protokoll

## Analytische Untersuchungen mittels Infrarotspektroskopie


Katharina Niebergall

Fakultät für Chemie und Mineralogie

Universität Leipzig

## 1. Einleitung

Im Versuch sollen UV/Vis - und IR – Spektroskopie genutzt werden um unterschiedliche Präperate zu untersuchen. Unteranderem soll auch die zu identifizierende Gruppensubstanz untersucht werden.

UV/Vis - und IR – Spektrsokopie sind optische Methoden zur Analytik. Während bei der UV/Vis – Spektroskopie elektronische Übergänge angeregt werden, werden in der IR – Spektroskopie Schwingungsspektren angeregt.

## 2. Aufgabenstellung

### a) UV/Vis – Spaektrum

Zunächst soll das UV/Vis – Spektrum der Gruppensubstanz aufgenommen werden. Die Messung erfolgt in einem Wellenlängen Bereich von 200 bis 700nm. Vor der Mesung muss eine geeignete Verdünnung der Probe hergestellt werden (um die Bedingungen des Lambert Beerschen Gesetz einzuhalten), als Lösungsmittel wird abs. Ethanol verwendet.

Ein UV/Vis – Spektrum einer weiteren Substanz wird als Ausdruck zur Verfügung gestellt, anhand dieses Spektrums sollen die Extinktionskoeffizienten für die angegebenen Wellenlängen berechnet werden.

Beide UV/Vis – Spektren sind bezüglich der Struktur der Substanzen zu disskutieren.

### b) IR – Spektren

Zwei IR Spektren (die zu identifizierende Gruppensubstanz und eine weitere unbekannte Substanz) sollen aufgenommen werden, in einem Frequenzbereich Bereich von 400 bis 4000 $cm^{-1}$. Die Proben werden zwischen 2 KBr Platten vermessen, bzw. als KBr Pressling.

Alle IR – Spektren sollen mit Hilfe von IR – Absorbtionstabellen disskutiert werden. Dadurch sollen auch die unbekannten Substanzen klassifiziert und ein Strukturvorschlag erarbeitet werden.

### c) Schwingungsbandenlage bei Veränderung der Masse

Die Lage der Schwingungsbande von „normalem" und deuteriertem Aceton soll disskutiert werden. Dazu soll das anhand des Modells des Harmonischen Oszillators errechnete Verhältnis der Wellenzahlen von C – H und C – D Valenzschwingungen mit dem experimentell ermittelten verglichen werden, wodurch auch eine Aussage über die Qualität des Modells gemacht werden kann.

d) *ATR – Technik*

Es sind IR – Spektren von Polymeren mit Hilfe der ATR – Technik zu erfassen. In der Auswertung sollen die Banden identifiziert werden und eine Bestimmung der Kunststoffe vorgenommen werden.

e) *Rotationsschwingungsspektren von Gasen*

Das Rotationsschwingungsspektrum von Kohlenstoffmonoxid soll aufgenommen werden. Hierzu wird Zigarettenrauch in eine Küvette gefüllt und mit hoher Auflösung vermessen.

Sowohl die Karftkonstante der CO Bindung als auch die Bindungslänge der CO Bindung können aus den Spektrenangaben ermittelt werden. Mit Hilfe der Position der CO Valenzschwingung kann mit Hilfe des Modells des harmonischen Oszillators auf die Karftkonstante zurückgeschlossen werden. Durch die Rotationskonstante B kann mittels des Modells des starren Rotators die Bidnungslänge des CO Bindung zu ermitteln. Die Bindungsstärke des CO soll mit anderen Molekülen verglichen werden und anahnd von mosomeren und induktiven Effekten disskutiert werden.

f) *Quantitative IR – Spektroskopie*

Der Gehalt an Aceton in einer n – Hexan Lösung (Farbverdünner) soll ermittelt werden. Die Ermittlung des Aceton Gehalts soll mit Hilfe einer externen Kalibrierung vorgenommen werden.

<u>3. Durchführung und Auswertung</u>

### a) UV/Vis Spektroskopie

Zunächst wurde unsere unbekannte Substanz in spektroskopie reinem Ethanol gelöst und in eine Glasküvette mit einem Durchmesser von 1cm gefüllt. Die Küvette wurde mit einem Papiertuch abgewischt und in das UV/Vis Spektrometer eingesetzt. Die Messung wurde in einem Wellenlängenbereich von 200 bis 700nm durchgeführt. Die Verdünnung der Probe hing vor allem von der Intensität der Signale ab.

Im folgenden soll zunächst die für alle Gruppen gleiche Substanz der Zimtsäre – n – propylester diskutiert werden. Dazu werden zunächst die Extinktionkoeffizienten für die 3 Maxima im Spektrum berechnet werden.

Das zugehörige Spektrum ist im Anhang dieses Protokolls zu finden.

*Tabelle 1: Extinktionsmaxima des Zimtsäure – n – propylester*

| Nr. | $\lambda$ [nm] | Extinktion |
| --- | --- | --- |
| 1 | 206 | 0,547 |
| 2 | 218 | 0,597 |
| 3 | 276 | 0,814 |

Die Extinktion ist immer Wellenlängenspezifisch, weswegen es auch für jedes Maximum einen eigenen Extinktionskoeffizienten zu berechnen gilt. Dieser Berechnung liegt das Lambert – Beersche Gesetz zu Grunde:

$$E_\lambda = lg\left(\frac{I_0}{I}\right) = c \cdot d \cdot \varepsilon_\lambda$$

(1)

$E_\lambda$ - Extinktion

$I_0$ – Intensität des Lichtstrahls vor der Küvette

$I$ – Intensität des Lichtstrahls nach der Küvette

$c$ – Konentration der Lösung

$d$ – Dicke der Küvette

$\varepsilon_\lambda$ – Extinktionskoeffizient

Der Extinktionskoeffizient kann durch diese Gleichung ermittelt werden:

$$\varepsilon_\lambda = \frac{E_\lambda}{c \cdot d}$$

(2)

Die Dicke der Küvette beträgt 1cm. Die Konzentration der Lösung lässt sich aus der Angabe das 0,07mg der Substanz in 10ml EtOH gelöst wurden und der Molarenmasse des Zimtäuren-propylester berechnet werden.

$$c(ZS) = \frac{m(ZS)}{M(ZS) \cdot V(EtOH)} = \frac{0,07 \cdot 10^{-:}}{190 \frac{g}{mol} \cdot 0,} \qquad \underline{\hspace{2cm}}$$

Daraus können dann die folgenden Werte für die unterschiedlichen Wellenlänegn ermittelt werden:

*Tabelle 2: Extinktionskoeffizienten des Zimtsäure-n-propylesters*

| Nr. | λ [nm] | $\varepsilon_\lambda$ [l/mol*cm] |
|---|---|---|
| 1 | 206 | 14864,13 |
| 2 | 218 | 16222,83 |
| 3 | 276 | 22119,57 |

Das angegebene Spektrum zeigt eine Bande bei 218nm (Nr. 2) diese ist auf das verwedete Lösungsmittel zurückzuführen, die Bande Nr. 3 ist die charakteristische für den Zimtsäure-n-propylester, sie ist auf das konjugierte Π System zurück zu führen und wird durch einen Π → Π* Übergang erzeugt. Die Bande Nr. ist schwierig zu zu ordnen, es ist auch im Bereich des möglichen, dass sie nicht charakteristisch für den Zimtsäure-n-propylester ist, sondern von Verunreinigungen oder Ähnlichem herrührt.

## b) IR Spektren von unbekannten Substanzen

Hier wurden 2 Substanzen untersucht, Zunächst eine flüssige Zusatzsubstanz, welche eine rote Farbe hatte und unsere Gruppensubstanz.

Die rote flüssige Substanz konnte mittels der Dünnfilmethode untersucht werden. Dazu werden 1-2 Tropfen der Substanz auf eine KBr Scheibe getropft eine andere KBr Scheibe wird deckungsgleich darauf gelegt und mittels einer mechanischen Vorrichtung festgeschraubt. Diese Vorrichtung wird dann in das IR Spektrometer gehängt. Als Referrenz wird die KBr Küvette ohne Inhalt (also mit der Restluft) vermessen.

Die Gruppeneigene unbekannte Substanz ist ein Feststoff, dieser muss zu einem KBr Pressling geformt werden. Dazu wird die Substanz mit KBr gemörsert und in eine Vorrichtung zum Pressen überführt. Durch einen hohen Druck über längere Zeit kann ein KBr Pressling geformt werden, welcher vom IR Strahl durchdrungen werden kann. Dieser Pressling befindet sich in einem Ringer, welcher ebenfalls in eine mechanische Vorrichtung eingebracht wird und in das Spektrometer gehängt wird. Als Referrenz wird ebenfalls Luft gemessen, vor allem weil ein reiner KBr Pressling zu viel Reflektieren würde.

Alle Substanzen wurden zwischen 400 und 4000cm-1 vermessen.

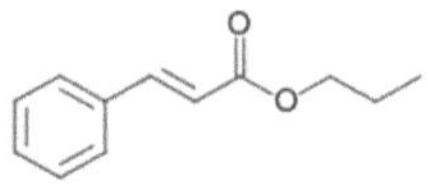

Abb. 1: Zimtsäure-n-propylester

Zusätzlich wurd uns das IR Spektrum des Zimtsäure – Propylester ausgehändigt, dieses ist im Anhang zu finden.

Zu sehen ist um 3000cm-1 die CH Valenzschwingung, dieses Signal hat einige Aufspaltunge, was auf CH Verbindungen mit unterschiedlich hybridisierten Kolenstoffen hinweist. Bei 1700cm-1 ist die C=O Valenzschwingung zu sehen. Bei ca. 1200cm-1 lässt sich auch die COC Valensschwingung erkennen. Das am System ein Aromat betiligt ist lässt sich an den aromatischen Gerüstschwingungen mit mittlerer Intensität im Bereich von 1400 bis 1500cm-1, sowie an den „Benzolfingern" bei 1950cm-1, hierbei handelt es sich um die Oberschwingungen des Aromaten. Das es sich bei der Verbindung um eine ungesättigte handelt lässt sich auch auch an der Bande bei ungefähr 1620cm-1 festmachen, da diese die C=C Valenzschwingungen representiert.

Als nächstes wurde die unbekannte flüssige, rote Zusatzsubstanz untersucht. Das resultierende Spektrum wurde ausgedruckt und ist ebenfalls im Anhang einsehbar.

Auffällig ist hier die sehr breite Bande um 3300cm-1, sie liegt im Bereich der OH Valenzschwingung (oder der NH$_2$, aber diese Signale wären weit aus schmaler). Diese energetisch höher als die CH Valenzschwingung liegende Breite Bande weit auf einen Alkohol hin. Diese Vermutung wird durch die erkennbare OH Deformationsschwingung bei 650cm-1 (mittlere Intensität) unterstützt. Bei 3000cm-1 gibt es auch eine mittel intensive CH Valenzschwingung, allerdings sehr wenig intensiv. Bei der V. erbindung könnte es sich um eine Aromatische Verbindung handeln, diese Vermutung wird gestützt durch die Benzolfinger bei ca. 1900cm-1 und durch die Grüstschwingungen im Bereich 1300 bis 1500cm-1. Die Bande bei 1600cm-1 ist energetisch zu niedrig für eine C=O Valenzschwingung, sie könnte eher auf ein C=C Valenzschwingung hinweisen, was die theorie eines Aromaten stützen würde.

Zu guter letzt wurde die zu ermittelnde Gruppensubstanz vermessen, auch dieses Spektrum ist im Anhang beigefügt.

Bemerkenswert ist zunächst der so genannte Säuresack im Bereich von 3000cm-1, es handelt sich hierbei um eine OH Valenzschwingung, welche in dieser Form und dieser Position mit mittlerer Intensität charakteristisch für eine Carbonsäure ist. Am unteren Ende der OH Valenzbande gibt es soch zwei kleine spitze Ausformungen, welche die CH Valenzschwingungen representieren. Sehr intensiv, aber wiet aus weniger breit ist die C=O Valenzschwingung bei 1700cm-1, auch dieses Signal im Spektrum ist eine weitere Stütze für die Vermutung, dass es sich um eine Carbonsäure handelt. Da es neben der C=O Valenzbande keine weitere in diesem Bereich gibt scheint es sich um eine gesättigte Verbindung zu handeln.

Aus der MS gab es den Hinweis, dass die Verbindung Brom enthällt, diese Vermutung kann durch eine Bende bei 650cm-1 gestützt werden, da diese charakteristisch für eine C – Br Valenzschwingung ist.

Auf Grundlage der IR sollte es sich also um eine gesättigte Carbonsäure mit mindestens einem Brom, welches an einen Kolenstoff gebunden ist handeln.

Auf Grundlage der IR Spektroskopie gibt es auch Signale, die auf einen Aromaten hinweisen könnten, so gibt es auch in diesem Spektrum Gerüstschwingungen im Bereich zwischen 1300 und 1500cm-1, auch könnte bei 1980cm-1 ein Benzolfinger erkannt werden. Allerdings kann diese Vermutung (die auch nur sehr schwach begründet ist) verworfen werden, da aus dem MS und dem NMR hervorgeht, dass es sich definitiv nicht um einen Aromaten handelt.

Aus der Kombination dieser Informationen aus dem IR und der Molmasse (MS) und der chemischen Verschiebung und Abschiermung der Cohlen und Wasserstoffe kommt eigendlich nur folgende Verbindung in Frage:

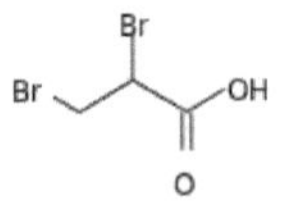

Br

Br     OH

O

Abb. 2:

2,3-Dibrompropansäure

## c) Einfluss der Masse auf die Bandenlage im IR Spektrum

Um den Masseeinfluss auf die Lage der Schwingungsbanden zu untersuchen wurden Aceton und deuteriertes Aceton in einem IR Spektrometer vermessen. Der Versuchablauf verlief sehr ähnlich wie in Teil b, wobei in diesem Verusuch etwas mahr Flüssigkeit in die KBr Küvette gegeben wurde, da Aceton sehr flüchtig ist. Die Messung erfolgte ebenfalls zwische 400 und 4000cm-1.

Die ermittelten Spektren für Aceton – $D_0$ und Aceton – $D_6$ wurden uns ausgedruckt zur Verfügung gestellt und sind im Anhang einsehbar.

Im Aceton gibt es zwei sehr charakteristische Schwingungen, die CH bzw. CD Valenzschwingung und C=O Valenzschwingung. Im Folgenden sind die Wellenzahlen der unterschiedlichen Schwingungen im deuterierten wie nicht deuterierten Aceton in einer Tabelle zusammengestellt:

Tabelle 3: Bandenlage des Acetons – $D_0$ und – $D_6$

|  | CH/CD Valenz | C=O Valenz |
|---|---|---|
| Aceton - $D_0$ | 3004,4cm-1 | 1716,4cm-1 |
| Aceton - $D_6$ | 2256,8cm-1 | 1700,1cm-1 |

Die Werte zeigen, dass die Schwingungen des deuterierten Aceton weniger energetisch sind. Dieser Umstand kann aus dem Modell des harmonischen Oszillators abgeleitet werden:

$$\tilde{v} = \frac{1}{2\Pi \cdot c} \cdot \sqrt{\frac{k}{\mu}}$$

(3)

$\tilde{v}$ - Wellenzahl

c – Lichtgeschwindigkeit

k – Kraftkonatnate der Bindung

μ – Reduzierte Masse

Die Kraftkonstante der Bindung wird durch den Austausch von Wasserstoff durch Deuterium nicht beeinfluss, da das Überlappungsintegarl durch die Masse der Bindung nur maginal beeinflusst wird. Nur die Reduzierte Nasse veränder sich, wenn diese größer wird, was bei beim Austausch durch Deuterium der Fall wird die Wellenzahl kleiner, was die Verschiebung der Banden allgemein erklärt.

Schaut man sich die veränderten Bandenlagen der Schwingungen genauer an, so ist erkennbar, dass die C=O Valenzschingung weitaus weniger stärker zu niedrigeren Energien verschoben ist als die CH Valensschwingung. Die CH Valenzschwingung wurde durch den

Austausch mit Deuterium um 747,7cm-1 verschoben, während die C=O Valenzschwingung nur um 16,3cm-1 verschoben wurde. Dieser Effekt lässt sich zum dadurch erklären, dass die CH/CD Valenzschingung direkt vom Austausch betroffen ist, während die C=O Valenzschingung nur indirekt mit den H/D Atomen während der Schwingung gekoppelt ist. Zum anderen ist die C=O Valensschingung auf Grund der höheren Masse des Sauerstoffs und der wesendlich stärkeren Bindung (Doppelbindung) und der daraus resultierenden höheren Kraftkonstante ohne hin weitesgeshend von den Schwingungen des restlichen Moleküls entkoppelt. Daraus resultiert die esendlich weniger starke Verschiebung der Bande beim deuterierten Aceton.

Als Erklärungsmodell für die Molekülschwingungen wurde das Modell des Harmonischen Oszillators verwendet. Im Folgenden soll die Güte dieses Modells überprüft werden. Dazu wird das Verhältnis der Wellenzahlen der CH Valenzschingungen einmal aus den experimentellen Daten errechnet und einmal durch eine theoretische Berechnung.

Das Experimentelle Verhältnis entspricht:

$$\frac{\tilde{v}_{CH}}{\tilde{v}_{CD}} = \frac{3004,4\,cm^{-1}}{2256,8\,cm^{-1}} = 1,33 \tag{a}$$

Im Folgenden wird nun dieses Verhältnis theoretisch hergeleitet, dazu werden die Gleichung 3 Verwendet, Teilt man hier eine Wellenzahl durch eine andere und nimmt an, dass die Kraftkonatnten bei der deuterierung gleichbleiben so bleibt nur folgendes für die Berchnung des Verhätnis der Wellenzahlen übrige:

$$\frac{\tilde{v}_{CH}}{\tilde{v}_{CD}} = \sqrt{\frac{\mu_{CD}}{\mu_{CH}}} \tag{4}$$

Die reduzierte Masse der Bindungspartner errechnet sich wie folgt:

$$\mu_{CH/CD} = \frac{M_C \cdot M_{H/D}}{M_C + M_{H/D}} \tag{5}$$

Es handelt sich bei der reduzierten Masse um eine Vektorreduktion, bei der die Dimension der jeweiligen Größe erhalten bleibt. Wir werden im folgenden nicht mit den Massen der Atome sondern mit den Molaren Massen Arbeite, weil diese leichter zu ermitteln und zu handhaben sind. Daraus resultiert, dass alle Angaben in pro Mol erhalten werden.

$$M_C = 12\,\frac{g}{mol}$$

$$M_H = 1\,\frac{g}{mol}$$

$$M_D = 2\,\frac{g}{mol}$$

Daraus resultieren die folgenden Werte für die Reduzierten Massen:

$$\mu_{CH} = 0{,}92\,\frac{g}{mol}$$

$$\mu_{CD} = 1{,}71\,\frac{g}{mol}$$

Das Verhältnis der Wellenzahlen ergibt sich nach Gleichung 4:

$$\frac{\tilde{v}_{CH}}{\tilde{v}_{CD}} = \sqrt{\frac{\mu_{CD}}{\mu_{CH}}} = \sqrt{\frac{1{,}71\,\frac{g}{mol}}{0{,}92\,\frac{g}{mol}}} = 1{,}36 \qquad (b)$$

Vergleicht man nun den theoretisch ermittelten Wert mit dem aus dem Experiment so liegen die Werte sehr nah beieinander, sind aber doch ein wenig unterschiedlich. Das kann zum einen daran liegen, dass es im Experiment fehler gab oder, dass das Modell des Harmonischen Oszillators nicht perfekt ist zur Beschreibung.

Zu Bemerken ist, dass der harmonische Oszillator zur Beschreibung dann geeignet ist, wenn die Auslenkungen vom Equilibrium nicht all zu hoch ist. Der Harmonische Oszillator kann in Form einer Parabel beschriben werden. Eine bessere Näherung ist das Morsepotential, dass einem anharmonischen Oszillator entspricht:

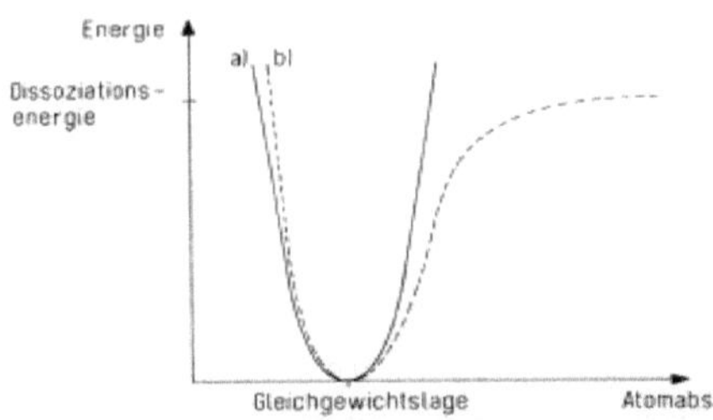


*Abb. 3: Hamonischer und Anharmonischer Oszillator*

Wie im Bild leicht zu erkennen ist, ist der harmonische Oszillator für kleine Auslenkungen um das Equilibrium eine gute Näherung, also auf auch die IR Schwingungsspektroskopie. Bei Vorgengen bei denen es um Bindngsbrüche oder – umlagerungen geht reicht dieses einfache Modell nicht mehr aus.

### d) IR-Spektren von amorphen Feststoffen – ATR-Technik

In diesem Teil des Versuches wurden zwei unterschiedliche Kunststoffe mittels der ATR-Technik vermessen. Das ist eine Technik für Feststoffe, welche nicht in einen KBr Pressling pressbar sind, wie beispielsweise Kunststofffolien. Diese Technik arbeitet mit dem Prinzip der total Reflexion. Der IR Strahl wird in einen länglichen Kristallblock eingestrahlt und dort immer an der Oberfläche hin und her reflektiert, an den Grenzflechen des Kristalls wird die Kunststofffolie angebracht, indem sie auf den Kristall gelegt und gemeinsam mit diesem in eine machanische Vorrichtung eingeschraubt wird. Man erhält eine Art Schichtung aus Kunststofffolie – Kristall – Kunststofffolie. Das Geheimnis der ATR-Technik, ist das im Moment der Totalreflexion ein Teil der IR Welle „überschwappt" in das optisch undichtere Medium (in unserem Fall die Kunststofffolie) und dort Schwingungen anregt.

Die Mechanische Vorrichtung wurde mit dem den zwei Kunststofffolie und dem Kristall in das IR Spektromter eingehängt und eine Messung zwischen 400 und 4000cm-1 durchgeführt. Anschließend wurde eine andere Kunststofffolie vermessen, im Folgenden soll nun anhand der Spektren analysiert werden, um welche Kunststoffe es sich handeln könnte. Die gemessenen Spektren wurden uns in Form von Ausdrucken zur Verfügung gestellt und sind im Anhang einsehbar.

Auf dem ersten Spektrum ist bei etwas unter 3000cm-1 eine deutliche CH Valenzschwingung zu erkennen, diese ist in zwei Banden aufgespalten. Der Teil der Bande, der bei etwas kleineren Wellenzahlen zu finden ist deutet auf $CH_2$ Gruppen hin, der andere Teil der Bande auf $CH_3$ Gruppen. Die sehr Schwache Bande bei ca. 2350cm-1 deutet auf eine Verunreinigung durch $CO_2$ aus der Atmung hin.

Im Bereich knapp unter 1500cm-1 gibt es keine Gerüstschwingungen, welche auf einen Aromaten hinweisen könnten. Auch scheint die Verbindung gesättigt zu sein, da es keine Banden im Bereich zwischen 1600 und 1700cm-1 gibt. Im Fingerprint bereich sind auch nicht besonders viele Banden zu verzeichnen, was auf eine nicht besonders komplexe Verbindung hindeutet. Eine Beteiligung von Halogeniden kann nicht ausgeschlossen werden, ist abeer auf Grund der anderen Merkmale wenig Warscheinlich.

Die Vermutung, das es sich um Polyethylen handelt liegt nahe.

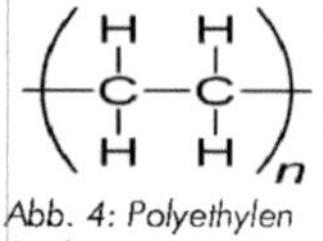

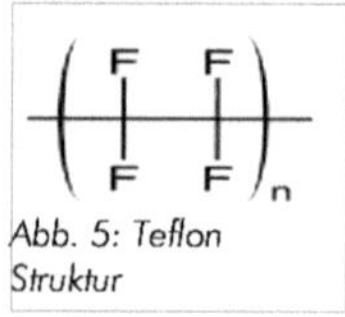

Abb. 4: Polyethylen
Struktur

Im zweiten Kunstoff ist sehr charakteristisch, das es keien CH Valenzschwingungen gibt, diese Tatsache schließt bereits viele Kunstoffe aus. Wieder ist eine schwache Bande bei 2350cm-1 zu erkenne, welche auf die Verunreinigung durch $CO_2$ hindeutet.

Außerdem ist eine deutliche Bande bei 1100 bis 1200cm-1 zu erkennen. Eigendlich handelt es sich in diesem Bereich um die CH Deformationsschwingungen, da es allerdings keinen Hinweis auf CH Valenzschwingungen gibt, ist auch die Existenz von CH Verbindungen eigentlich auszuschließen. Diese Bande könnte aber auch durch die Schwingungen mit Fluor zu stande gekommen sein, die CH Valenzschwingung liegt in den meisten Fällen eigendlich auch energetisch niedriger. Die Auswahl der Kolenstoffe ohne CH Gruppen irgendeiner Art ist sehr klein, die Vermutung liegt nahe, dass es sich um Polytetrafluorethylen handelt.

Abb. 5: Teflon
Struktur

**e) *Rotationsschwingungsspektroskopie von Gasen***

Um die Rotationsschwingung von CO Gas zu ermitteln wurde eine Gasküvette mit Rauch einer Filterzigarette befüllt. Zum ansaugen der Zigarette wurde ein Peleusball verwendet. Auf der einen Seite der Küvette wurde eine Zigarette an den Eingang gahalten und angezündet an einem anderen Eingang der Peleusball, so konnte der Rauch in die Küvette gebracht werden. Diese Küvette könnte dann in das IR Spektrum eingesetz werden. Die Messung wurde bei einer höheren Auflösung (ca. 1cm-1) aufgenommen um die Rotationsstruktur erkennen zu können.

Zunächst soll die Rotationskonstante B bestimmt werden, dazu ist es wichtig zu wissen, dass die Rotationssignale energetisch equidistant zueinander liegen. Der Abstand zwischen den einzelnen Signalen beträgt 2B.

*Tabelle 4: Rotationskonstanten*

| 2B [cm-1] | | | | |
|---|---|---|---|---|
| 3,8 | 3,9 | 4,0 | 4,1 | 4,0 |

Mittelwert: 2B=3,96cm-1 → B=1,98cm-1

Dieser Wert liegt sehr nah am Literaturwert von 1,9cm-1. Es gibt eine kleine Abweichung nach Oben. Die Abweichung beträgt ca. 4%.

Als nächstes sollte die Bindungslänge des COs berechnet werden, dazu wird das Modell des starren Rotators verwendet werden. Nach diesem Modell errechnet sich das Trägheitsmoment I eines Hatelförmigen Molekülen nach:

$$I = M \cdot r^2 \qquad (6)$$

r – Abstand der Atome

M – reduzierte Masse

Die reduzierte Masse berechnet sich nach:

$$M = \frac{m_1 \cdot m_2}{m_1 + m_2} \qquad (7)$$

Das Trägkeitsmoment ist umgekert proportional zur Rotationskonstante:

$$B = \frac{h}{8 \cdot \Pi^2 \cdot c \cdot I} \qquad (8)$$

h – Plank'sches Wirkungsquantum

c – Lichtgeschwindigkeit

Durch umstellen von Gleichung (8) kann das Trägheitsmoment errechnet werden:

$$I=\frac{6,63\cdot 10^{-34}\,\frac{kg\cdot m^2}{s}}{198\,m^{-1}\cdot 8\cdot \Pi^2\cdot 3\cdot 10^8\,\frac{m}{s}}=1,41\cdot 10^{-46}\,kg\cdot m^2$$

Als Massen für $m_1$ und $m_2$ werden die Molerenmassen von Kohlenstoff und Sauerstoff verwendet.

$$M_{mol}=\frac{12\,\frac{g}{mol}\cdot 16\,\frac{g}{mol}}{12\,\frac{g}{mol}+16\,\frac{g}{mol}}=6,86\,\frac{g}{mol}$$

Durch Einsetzen in Gleichung (6) und Umstellen der selbigen gelangt man für den Abstand zwischen C und O auf folgenden Wert:

$$r=\sqrt{\frac{1,41\cdot 10^{-46}\,kg\cdot m^2\cdot N_A}{0,00686\,\frac{kg}{mol}}}=1,113\cdot 10^{-10}\,m=1,113\,Angström$$

Laut Literatur liegt die Bindungslänge bei 1,06 Angström, das entspricht einer Abweichung von 5%. Der experimentell ermittelte und aus bekannten Datn errechnete Wert ist also sehr gut.

Betrachtet man das CO Molekül nicht als starren Rotator sondern als harmonischen Oszillator (neben der Rotation findet auch eine Schwingung statt) so kann auch die Kraftkonstante der CO Doppelbindung errechnet werden. Dazu wird die folgende Gleichung verwendet:

$$\widetilde{v}=\frac{1}{2\cdot \Pi\cdot c}\cdot \sqrt{\frac{k\cdot N_A}{M_{mol}}} \qquad (9)$$

k – Kraftkonstante

Stellt man diese Formel um und setzt die ermittelte Wellenzahl der CO Valenzschwingung ein, so erhällt man:

$$k = \frac{0{,}00686\,\frac{kg}{mol}}{N_A} \cdot \left(2 \cdot \Pi \cdot c \cdot 214305\,\frac{1}{m}\right)^2 = 1858{,}83\,\frac{N}{m}$$

Laut Literatur liegt die Kraftkonstante bei 1858 N/m, das entspricht einer Abweichung von weit unter einem %, der experimentell ermittelte und errechnete Wert ist also sehr gut.

Die Kraftkonstante ist stärker als die meisten anderen Kraftkonstanten linearer Moleküle:

*Tabelle 5: Kraftkonstanten linearer Moleküle*

| Molekül | Kraftkonstante [N/m] |
|---|---|
| HCl | 481 |
| $SO_2$ | 1001 |
| $O_2$ | 1141 |
| $N_2$ | 2242 |

HCl mit einer sehr hohen Elektronegativitätsdifferenz hat einse sehr kleine Kraftkonstante, das lässt sich datrauf zurückführen, dass die Elektronendichte sich vor allem beim Clor aufhällt und nicht in der Bindung, hier spielt der induktive Effekt eine maßgebliche Rolle.

$SO_2$ hat schon einen wesendlich höheren Kovalenten Bindungsanteil als HCl, das Molekül ist durch Doppelbindungen gebunden. Die Kraftkonstante des $SO_2$ liegt aber noch ein wenig unter der des $O_2$, da es sich hierbei um ein homoatomares Molekül handelt, es also überhaupt keine Elektronegativitätsdifferenz gibt und die Elektronendichte nahezu komplett symmetrisch über die Bindung verteilt ist.

Das einzige aufgeführte Molekül, dass eine höhere Kraftkonatnte als das CO hat ist $N_2$. $N_2$ ist durch eine Doppelbindung gebunden und es ist homoatomar, beide Aspekte tragen zu der höheren Kraftkonatnate gegenüber CO bei. Zum einen gibt es im CO Molekül eine Elektronegativitätsdifferenz, wenn auch keine große, außerdem handelt es sich bei der Bindung im CO nicht um eine reine 3 – fach Bindung, da es Mesomere Grenzstrukturen im CO gibt:

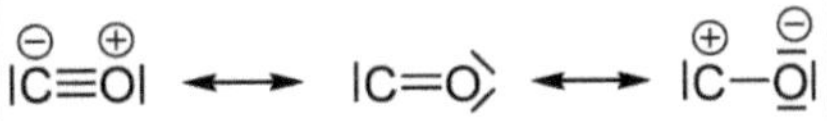

Abb. 6: Mesomere Grenzstrukturen CO

## f) Quantitative IR-Spektroskopie

Um den Gehalt an Aceton eines Farbverdünners zu ermitteln wurde eine Konzantrationsreihe erstellt. Dazu wurden 7 1 – 4%ige Aceton in n-Hexanlösungen erstellt (in 0,5% Schritten).

Dazu wurde mit Hilfe einer Bürette das entsprechende Volumen Aceton in einen 10ml Kolben gegeben und mit Aceton aufgefüllt. Dabei war darauf zu achten die Lösungen zügig anzufertige, da Aceton sehr frlüchtig ist und bei zu langsamen Arbeiten würde ein unnötiger Volumen Fehler entsstehen.

Anschließend wurden die Lösungen zwischen KBr Platten gegeben und im IR Spektrometer vermessen. Für die Messung wurde die Standardauflösung von 4cm-1 verwendet, es wurde im Bereich 1000-2000cm-1 im Transmissionsmodus gemessen. Die Referenzmessung ist hier gegen Luft passiert, da die Messung des Lösungsmittels eine zu große Absorbtion erzeugen würde, was zu einem zu schwachen signa geführt hätte. Eine leere Küvette hätte zu Interferrenzen geführt.

Anschließend wurden die Werte für die Ketontypischen Aceton Signale abgelesen. Es handelt sich um die CO Valenzschwingung und die CH Valenzschwingung. Abzulesen ist jeweils die Intensität des Signals und seine energetische Lage. Außerdem muss kompensiert werden, dass in diesem Versuch nicht ohne weiteres ein $I_0$ durch eine Referenzmessung ermittelt werden konnte. So wurde mit Hilfe des Schnittpunkts des Lots vom Maximum und einer Tangente mit der Grundlinie $I_0$ ermittelt.

Aus der Intensität der Strahlung nach dem Durchgang durch die Probe und der Intensität $I_0$ kann die Extinktion nach folgender Formel ermittelt werden:

$$E = lg\left(\frac{I_0}{I}\right)$$

(10)

Im folgenden sind die ermittelten Messerte aufgelistet:

*Tabelle 6: Intensitäten und Extinktionen der Konzentrationsreihe*

| Konzentration [vol. %] | CH Valenzschwingung 1215 cm-1 | | | CO Valenzschwingung 1720 cm-1 | | |
|---|---|---|---|---|---|---|
| | I [%] | $I_0$ [%] | Extinktion | I [%] | $I_0$ [%] | Extinktion |
| 1 | 58,5 | 73,2 | 0,097 | 51,5 | 73,3 | 0,153 |
| 1,5 | 55,2 | 72,3 | 0,117 | 46,7 | 71,4 | 0,184 |
| 2 | 50,1 | 72,1 | 0,158 | 38,9 | 71,0 | 0,261 |
| 2,5 | 44,8 | 71,3 | 0,202 | 32,2 | 71,0 | 0,343 |
| 3 | 40,5 | 71,0 | 0,244 | 26,3 | 70,5 | 0,428 |
| 3,5 | 35,1 | 70,0 | 0,300 | 20,1 | 70,4 | 0,544 |
| 4 | 32,2 | 69,7 | 0,335 | 16,6 | 70,0 | 0,625 |

| Probe | 50,1 | 71,6 | 0,155 | 39,1 | 71,8 | 0,264 |

Die Intensität der charakteristischen Acetonbanden nimmt also mit zunehmender Konzentration an Aceton ab. Die Abnahme der Intensität resultiert daraus, dass desto mehr Aceton in der Lösung ist, desto mehr IR Strahlung der Energien der entsprechenden Schwingungen absorbiert wird.

Die Abnahme der Intensität der CO Valenzschwingung ist wesendlich höher, da das Lösungsmittel (n-Hexan) diese Schwingung überhaupt nicht aufweist.

Im folgenden sind zwei lineare Regressionen (für jede Frequenz eine) aufgetragen:

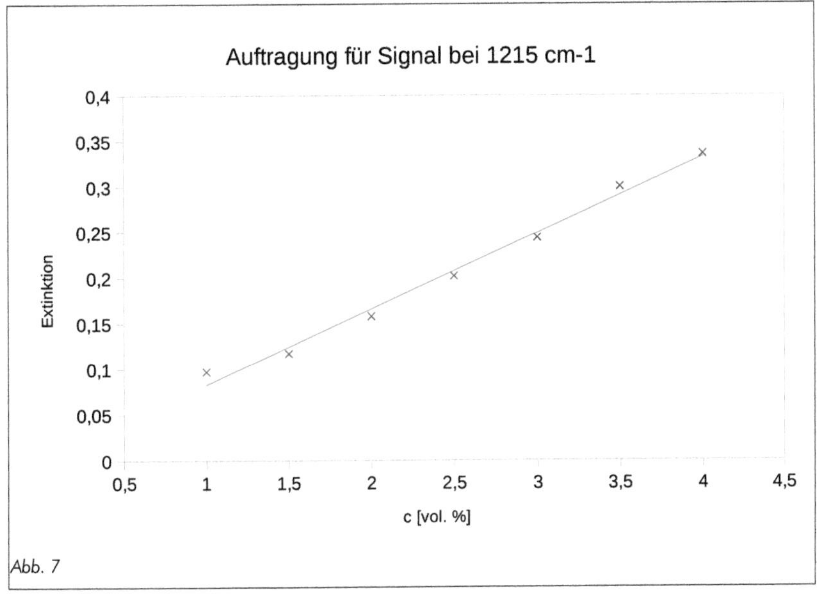


Abb. 7

Die Regressionsgleichung ist: $E = 0,083 c_{Aceton} - 0,00039$      (11)

Der $R^2$ Wert beträgt 0,990.

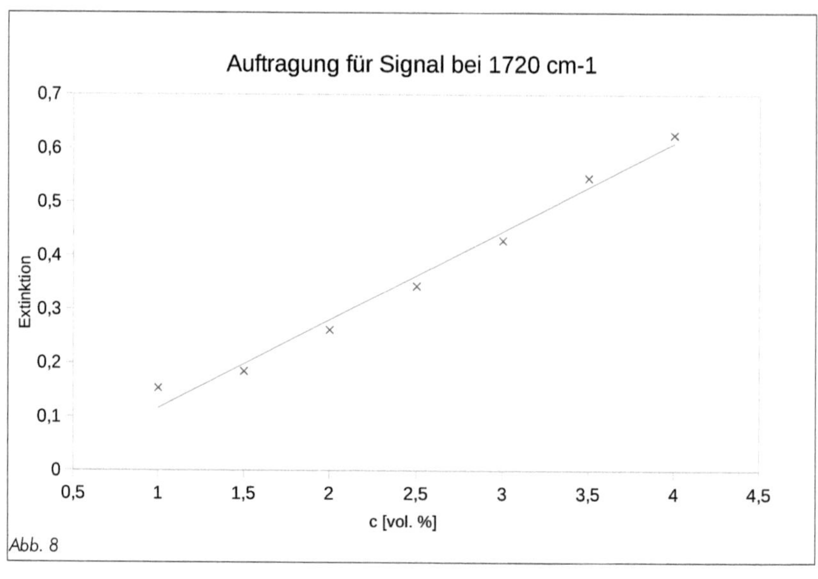


Abb. 8

Die Regressiongerade hat die Gleichung: $E = 0{,}164 c_{Aceton} - 0{,}048$     (12)

Der $R^2$ Wert beträgt 0,983.

Mit Hilfe der ermittelten Gleichungen und der Werte aus Tabelle 6 kann nun die Konzentration von Aceton in der Probe ermittelt werden. Dazu wird die Intensität der entsprechenden Bande der Probe in Gleichung 10 oder 11 eingesetzt und nach $c_{Aceton}$ umgestellt.

*Konzentrationsberechnung auf Grundlage der CO Valenzschwingung:*

$$c_{Aceton} = \frac{0{,}264 + 0{,}048}{0{,}164} = 1{,}90 \; Prozent$$

*Konzentrationsberechnung auf Grundlage der CH Valenzschwingung:*

$$c_{Aceton} = \frac{0{,}155 + 0{,}00039}{0{,}083} = 1{,}87 \; Prozent$$

Beide Signale weisen auf ca. 2 vol.% Aceton in der zu untersuchenden Probe hin. Der Mittelwert aus den beiden ermittelten Konzentrationen beträgt:

$$\bar{c}_{Aceton}=\left(\frac{1{,}87+1{,}90}{2}\right)Prozent=1{,}89\,Prozent$$

Im folgenden soll der Fehler der Messung und der Berechnung abgeschätzt werden, dazu wird eine Größtfehlerrechnung durchgeführt.

Die gemessenen Werte der Intensität haben einen geschätzten Fehler von $\pm 1\%$, das Volumen hat eine geschätzte Unsicherheit von $\pm 0{,}01\,ml$ was $\pm 0{,}1$ vol.% entspricht. Zunächst kann die Fortpflanzung des Fehlers durch die Umrechnung der Intensitäten in Extinktionen berechnet werden. Dazu wird Gleichung (10) abgeleitet:

$$\Delta E=\left(\frac{1}{I_0\cdot\log(10)}\cdot\Delta I_0\right)+\left(\frac{1}{I\cdot\log(10)}\cdot\Delta I\right)$$

Im folgenden sind die Fehler der Extinktionen aufgelistet:

*Tabelle 7: Fehler der Extinktion*

| 1215 cm-1 | | | 1720 cm-1 | | |
|---|---|---|---|---|---|
| c [vol.%] | Extinktion | ΔE | c [vol.%] | Extinktion | ΔE |
| 1 | 0,097 | 0,0031 | 1 | 0,153 | 0,0033 |
| 1,5 | 0,117 | 0,0032 | 1,5 | 0,184 | 0,0035 |
| 2 | 0,158 | 0,0034 | 2 | 0,261 | 0,0040 |
| 2,5 | 0,202 | 0,0036 | 2,5 | 0,343 | 0,0045 |
| 3 | 0,244 | 0,0039 | 3 | 0,428 | 0,0052 |
| 3,5 | 0,300 | 0,0043 | 3,5 | 0,544 | 0,0064 |
| 4 | 0,335 | 0,0045 | 4 | 0,625 | 0,0075 |
| Probe | 0,155 | 0,0034 | Probe | 0,264 | 0,0040 |

Dieser Fehler entsprechen dem y Fehler in der Linearen Regression, der x Fehler ist der geschätzte Fehler der Konzentration.

Aus der Linearen Regression ergibt sich nun eine Geradengleichung, aus welcher die gesuchte Konzentration ermittelt wird. Der Fehler der gemessenen Extinktion der Probe pflanzt sich in dieser Gleichung wie folgt fort:

*Fehler der Konzentration, berechnet auf der Basis der CO Valenzschwingung*

$$\Delta c_{Aceton}=\left(\frac{1}{0{,}164}\cdot\Delta c_{Aceton}\right)=6{,}1\cdot0{,}1\,Prozent=0{,}61\,Prozent$$

*Fehler der Konzentration, berechnet auf der Basis der CH Valenzschwingung*

$$\Delta c_{Aceton} = \left( \frac{1}{0{,}083} \cdot \Delta c_{Aceton} \right) = 12{,}05 \cdot 0{,}1 \, vol. = 1{,}2 \, vol.$$

*Der Fehler des Mittelwertes*

$$\Delta \bar{c}_{Aceton} = \left( \frac{1}{2} \cdot \Delta c_{CO_v} \right) + \left( \frac{1}{2} \cdot \Delta c_{CH_v} \right)$$

$$\Delta \bar{c}_{Aceton} = \left( \frac{1}{2} \cdot 0{,}61 \right) + \left( \frac{1}{2} \cdot 1{,}2 \right) = 0{,}905 \, Prozent$$

Diese quantitative Messung birgt unterschiedliche Fehlerquellen. Praktische Fehler ergeben sich vor allem aus der Volumen ungenauigkeit. Die Volumenbestimmung des Acetons mit der Bürette war relativ schwierig, da die Bürette nicht fest im Ständer plaziert war, wodurch ein sehr ganaues Ablesen sehr schwierig ist. Auch die Tatsache, dass Aceton sehr flüchtig ist macht die Volumenmessung schwieriger und ungenauer.

Auch das Befüllen der Küvetten ist eine praktische Fehlerquelle, da das Aceton in der Lösung flüchtiger ist als das n-Hexan und sich so die Konzentration auch mit der Zeit verringert.

Bei der Auswertung der Spektren werden die Intensitäten der Signale alleine mit Augenmaß und einigen simplen Mitteln wie einem Blatt Papier als Lot ermittelt. Daher ist davon auszugehen, dass auch hier ein Fehler verursacht wird.

Die Genauigkeit der Regression wird vor allem durch Konzentrationsfehler und Fehler in der gemessenen und abgelesenen Intensität verursacht. Welche Fehler einen größeren Einfluss auf Regressionsgerade haben ist schwer zu sagen.

Das entgültige Ergebniss für die Konzentration von Aceton in der zu untersuchenden Lösung beträgt also:

$$\bar{c}_{Aceton} = (1{,}89 \pm 0{,}91) \, Prozent$$

Der Fehler der Messung macht also mehr als die Hälfte des Ergbnisses aus, diese Methode erlaubt es also nicht genauere Aussagen über die Konzentration zu machen, lediglich eine Abschätzung (hier das es ca. 2%) sind ist zulässig.

<u>4. Literatur:</u>


[1] http://www.ftir-polymers.com/soon.htm

[2] http://www.chemgapedia.de/vsengine/vlu/vsc/de/ch/3/anc/ir_spek/rotationsschwingung.

vlu/Page/vsc/de/ch/3/anc/ir_spek/ir_spektroskopie/rotschwingspektren/ir_7_1_1/starrzwei_
m28ht0800.vscml/Supplement/1.html

[3]https://de.wikipedia.org/wiki/Kohlenstoffmonoxid

[4]http://josef.riedl.org/pc/pcp8.PDF